BEI GRIN MACHT SICH IHR WISSEN BEZAHLT

- Wir veröffentlichen Ihre Hausarbeit, Bachelor- und Masterarbeit
- Ihr eigenes eBook und Buch - weltweit in allen wichtigen Shops
- Verdienen Sie an jedem Verkauf

Jetzt bei www.GRIN.com hochladen und kostenlos publizieren

Bibliografische Information der Deutschen Nationalbibliothek:

Die Deutsche Bibliothek verzeichnet diese Publikation in der Deutschen Nationalbibliografie; detaillierte bibliografische Daten sind im Internet über http://dnb.d-nb.de/ abrufbar.

Dieses Werk sowie alle darin enthaltenen einzelnen Beiträge und Abbildungen sind urheberrechtlich geschützt. Jede Verwertung, die nicht ausdrücklich vom Urheberrechtsschutz zugelassen ist, bedarf der vorherigen Zustimmung des Verlages. Das gilt insbesondere für Vervielfältigungen, Bearbeitungen, Übersetzungen, Mikroverfilmungen, Auswertungen durch Datenbanken und für die Einspeicherung und Verarbeitung in elektronische Systeme. Alle Rechte, auch die des auszugsweisen Nachdrucks, der fotomechanischen Wiedergabe (einschließlich Mikrokopie) sowie der Auswertung durch Datenbanken oder ähnliche Einrichtungen, vorbehalten.

Impressum:

Copyright © 2017 GRIN Verlag
Druck und Bindung: Books on Demand GmbH, Norderstedt Germany
ISBN: 9783668801424

Dieses Buch bei GRIN:

https://www.grin.com/document/441908

Adrian Krüger

Kritische und exemplarische Betrachtung des Verkaufs und der Produktion von Trinkwasser anhand eines Beispiels des Konzerns Nestlé

GRIN Verlag

GRIN - Your knowledge has value

Der GRIN Verlag publiziert seit 1998 wissenschaftliche Arbeiten von Studenten, Hochschullehrern und anderen Akademikern als eBook und gedrucktes Buch. Die Verlagswebsite www.grin.com ist die ideale Plattform zur Veröffentlichung von Hausarbeiten, Abschlussarbeiten, wissenschaftlichen Aufsätzen, Dissertationen und Fachbüchern.

Besuchen Sie uns im Internet:

http://www.grin.com/

http://www.facebook.com/grincom

http://www.twitter.com/grin_com

Universität Paderborn

Fakultät für Naturwissenschaften

Department Sport und Gesundheit

Haushaltswissenschaften

Modul 4: Verbraucherschutz- und Beratung

Sommersemester 2017

Ausarbeitung: Kritische und exemplarische Betrachtung des Verkaufs und der Produktion von Trinkwasser anhand eines Beispiels des Konzerns Nestlé

Adrian Krüger

Paderborn, den 07.05.2017

Lehramt an Berufskollegs

Ernährungs- und Hauswirtschaftswissenschaften und Lebensmitteltechnik

Mastersemester 4

Inhaltsverzeichnis

1. Einleitung 1
2. Wasser 2
   2.1. Definition verschiedener Wässer 2
      2.1.1. Trinkwasser und sicheres Trinkwasser... 2
      2.1.2. Mineralwasser.. 3
   2.2. Wasser als Menschenrecht.. 4
   2.3. Wasservorkommen und die größten Wasserverbraucher 5
3. Wasser und seine Privatisierung.. 7
4. Beispiel Firma Nestlé 8
5. Schlussbetrachtung... 10

Literaturverzeichnis 11

1. Einleitung

Wasser - das Element des Lebens. Für uns in der westlichen Welt ist es allgegenwärtig und selbstverständlich. Dass es nicht überall auf der Welt genauso aussieht, sollte auch selbstverständlich sein. Für jeden Menschen, für jedes Lebewesen, für jede Pflanze ist Wasser essentiell - für jeden technologischen Prozess an irgendeinem Prozessschritt ebenfalls. Mittlerweile ist es sogar Gang und Gäbe, dass in großen deutschen Supermärkten nicht nur Wasser der weltgrößten Lebensmittelkonzerne verkauft wird, bei denen oft recht intransparent ist, wo eigentlich die Quelle dieses Wassers liegt. Es wird auch beispielsweise Wasser von den Fiji-Inseln verkauft, oder auch Leitungswasser aus Skandinavien als norwegisches Gletscherwasser in teuren Designer-Flaschen verkauft. Auch spezielles Babywasser (auch to-go!) wird angepriesen, welches damit wirbt natriumarm und bereits abgekocht zu sein. Davon kostet ein Liter auch nur so viel wie 100 Liter Leitungswasser (vgl. Tillich, 2017).

Der größte Produzent für abgefülltes Wasser ist der Schweizer Konzern Nestlé, der schon oft in die Kritik geraten ist. Sei es wegen verunreinigter Babynahrung, Genmanipulation, Unterstützung von Kinderarbeit oder wegen Tierversuchen. Der jüngste Vorwurf lautet, dass der Konzern Entwicklungsländern das Grundwasser abpumpt (ORF, 2015). Diese Vorwürfe sollen im Verlauf dieser Arbeit exemplarisch für die Firma Nestlé stellvertretend für die größten Wasserkonzerne beleuchtet werden.

Im zweiten Kapitel dieser Arbeit soll unter Verwendung offizieller Quellen wie den Vereinten Nationen, der WHO, des Umweltbundesamtes und Ähnlichen dargestellt werden, was Wasser chemisch betrachtet ist, wo es vorkommt, wie es rechtlich zu sehen ist und wer die größten Verbraucher sind. Im dritten und vierten Kapitel dieser Arbeit wird darauf eingegangen, wie und warum Wasserversorgungen privatisiert werden und schlussendlich soll die Privatisierung mit ihren Folgen exemplarisch mit Hilfe des Beispiels der Firma Nestlé dargestellt werden.

2. Wasser

Wasser ist eine klare und geruchlose Flüssigkeit und eine chemische Verbindung aus einem Sauerstoff- (O) und zweier Wasserstoffatomen (H). Daher lautet die chemische Bezeichnung des Wassers "H2O". Wasser gilt als einzige Substanz, die in der Natur in allen drei Aggregatzuständen flüssig, fest (Eis) und gasförmig (Dampf) vorkommt (vgl. Massholder, 2014). Für den menschlichen Körper ist Wasser absolut essentiell. Ca. 60 - 65 % des Körpers eines Erwachsenen bestehen aus Wasser und ein Mangel an Wasser kann nach wenigen Tagen zum Tode führen. Wasser kommt im Körper nicht nur als Baustoff in den Zellen, sondern auch als Lösungsmittel bei der Verdauung, als Transportmittel im Blut und anderen Körperflüssigkeiten und als Wärmeregulator vor. Die empfohlene tägliche Gesamtzufuhr für Erwachsene liegt bei 2,6 Litern im Schnitt (variiert je nach Alter, Größe, Gewicht). Eine Mindestzufuhr von 1 - 1,5 Litern sollte nicht unterschritten werden. Selbstredend ist Wasser auch von wesentlicher wirtschaftlicher Bedeutung, da es im Transportwesen beispielsweise die Schifffahrt ermöglicht, oder für die Landwirtschaft die Böden bewässert. Der durchschnittliche Wasserverbrauch liegt weltweit pro Mensch und Tag bei täglich 130 Litern. In der westlichen Welt liegt der Verbrauch weit höher (vgl. Massholder, 2014). Die privaten Haushalte verbrauchen 8 % des vorhandenen Wassers. Die Industrie 22 % und die Landwirtschaft 70 % (vgl. Massholder, 2014). Wie diese Zahlen über den Wasserverbrauch genauer aufgeschlüsselt sind, soll unter Abschnitt 2.3. näher betrachtet werden.

2.1. Definition verschiedener Wässer

In diesem Abschnitt sollen die gängigen Arten des für den Verzehr geeigneten Wassers aufgezeigt und definiert werden.

2.1.1. Trinkwasser und sicheres Trinkwasser

Trinkwasser in Deutschland wird als ein Naturprodukt zu 70 % aus Grund- und Quellwasser und zu 13 % aus See-, Talsperren-, oder Flusswasser gewonnen. Die restlichen 17 % werden vom Umweltbundesamt als durch Uferfiltration oder Bodenpassagen natürlich aufbereitetes Oberflächenwasser bezeichnet (vgl. Umweltbundesamt, 2017b). Nach dem in Deutschland gültigen Infektionsschutz-Gesetz (IfSG) ist Trinkwasser folgendermaßen definiert: "Wasser für den menschlichen Gebrauch muss so beschaffen sein, dass durch seinen Genuss oder Gebrauch eine Schädigung der menschlichen Gesundheit, insbesondere durch Krankheitserreger, nicht zu besorgen ist." Ferner werden in der deutschen Trinkwasserverordnung die Beschaffenheit des Wassers, die Aufbereitung, die Pflichten der Versorger und die Überwachung des Wassers geregelt. Damit wird die EG-Richtlinie zur Qualität von Wasser für den Menschlichen Gebrauch (Richtlinie 98/83/EG) in nationalem Recht umgesetzt. Allerdings enthält die nationale Trinkwasserverordnung zum Teil strengere Regelungen, als es das EU-Recht vorsieht, um national bewährte Regelungen zu behalten (vgl. Umweltbundesamt, 2017a).

Die Welt-Gesundheits-Organisation (im Folgenden WHO genannt) unterscheidet zwischen Trinkwasser und sicherem Trinkwasser. Trinkwasser ist laut der WHO das Wasser des Hausgebrauchs, welches zum Kochen, Trinken und zur Körperhygiene genutzt wird. Sicheres Trinkwasser ist Wasser mit bestimmten mikrobiologischen, chemischen und physischen Eigenschaften, die den jeweiligen nationalen Bestimmungen entsprechen, in der BRD also denen des IfSG, und sonst den Richtlinien der WHO (vgl. World Health Organisation, 2011, S. 3–4).

Aus der Sicht der Vereinten Nationen kann der Zugang zum sicheren Trinkwasser über den Hausanschluss, öffentliche Wasserpumpen, Bohrlöcher, geschützt gegrabene Brunnen, oder geschützte Quellen oder auch über Regenwasser-Sammelanlagen gewährleistet sein. In die Definition fallen nicht: Flüsse oder Teiche, ungeschützte Quellen oder Brunnen, aber auch nicht Wasser aus dem Handel oder abgefülltes Wasser. Letztere fallen aus der Definition nicht aus qualitativen Gründen, sondern da die verfügbare Quantität potentiell limitiert ist (vgl. Narain, 2012, S. 11).

2.1.2. Mineralwasser

Wie sich im vorangegangenen Abschnitt herausgestellt hat, betrachtet die WHO in Flaschen im Handel erhältliches Wasser nicht als sicheres Trinkwasser. Dies ist, wie bereits gesagt, auf die verfügbare Quantität bezogen.

In der BRD werden die Eigenschaften des abgefüllten Mineralwassers in der Mineral- und Tafelwasserverordnung geregelt, welche auf der EG-Richtlinie über die Gewinnung von und den Handel mit natürlichen Mineralwässern basiert. Grundsätzlich kann gesagt werden, dass mikrobiologische Grenzwerte strenger sind als beim Leitungswasser, allerdings gelten Sie beim Leitungswasser für den Ort der Entnahme und für das Mineralwasser für den Moment der Abfüllung. Mineralwasser hat einen unterirdischen Ursprung und in der Regel sind nur physikalische Verfahren zu Verarbeitung gestattet. Quellwasser hat weitestgehend die gleichen Bestimmungen wie Trink- und Mineralwasser, allerdings sind die Anforderungen an die Inhaltsstoffe nicht so hoch wie beim Mineralwasser. Tafelwasser ist gemischt aus Trink-, Mineralwasser, Solen und

Salzen und daher als minderwertiger zu erachten (vgl. Bundesministerium der Justiz und für Verbraucherschutz 2017). Mineralwässer werden im Handel mit dem vollen Satz von 19 % Mehrwertsteuer belastet, da sie nach dem Umsatzsteuergesetz (UStG) nicht zu den Grundnahrungsmitteln zählen. Dies fußt darauf, dass das Grundnahrungsmittel Wasser sicher durch den Hausanschluss bezogen werden kann.

Geregelt wird die Bezeichnung des einzelnen Wassers in der Lebensmittelkennzeichenverordnung (Abkürzung: LMKV).

2.2. Wasser als Menschenrecht

Die UN stellt Wasser folgendermaßen als ein Menschenrecht dar:

Wasser ist eine begrenzte natürliche Ressource und ein öffentliches Gut, welches fundamental für das Leben und die Gesundheit ist. Das Menschenrecht auf Wasser ist unverzichtbar, um ein Leben in menschlicher Würde zu führen. Es ist eine Voraussetzung für die Realisierung anderer Menschenrechte. [...] Über eine Milliarde Personen haben eingeschränkten Zugang zu einer Basis-Wasserversorgung, während mehrere Milliarden keinen Zugang zu einer adäquaten Kanalisation haben, was der Hauptgrund für Kontaminationen des Wassers und damit verbundenen Krankheiten ist (vgl. UN Economic and Social Council, 2003, S. 1).

Da in obigem Zitat die menschliche Würde nicht näher definiert ist, soll dargestellt werden, wie die WHO diese menschliche Würde in Bezug auf den Zugang zu sicherem Wasser darstellt: „Es ist würdelos, wenn man mehr als einen Kilometer gehen muss, um sicheres Trinkwasser zu bekommen. Ebenso gehört die Möglichkeit dazu, mindestens Zugang zu zwanzig Litern Wasser am Tag zu haben, um einen sicheren Lebensstandard mit der höchstmöglichen Gesundheit gewährleisten zu können." (vgl. Moayad, 2015, S. 29) In Asien und Afrika beispielsweise liegt die durchschnittliche Entfernung bei sechs Kilometern, die in den meisten Fällen von Frauen zu Fuß zurückgelegt werden, um an sicheres Wasser zu kommen. Auf dieser Strecke tragen Sie im Schnitt zwanzig Kilogramm Wasser bei sich. Für knapp über eine Milliarde Menschen sind diese Zustände Alltag (vgl. Loughborough University, 2005). Nach einer neueren Statistik von der UNESCO haben 748 Millionen Menschen immer noch keinen Zugang zu gutem Trinkwasser und 2,5 Milliarden immer noch kein Abwassersystem. Annähernd zwei Milliarden trinken täglich Wasser, welches mit Fäkalkeimen (E.Coli) kontaminiert ist (vgl. UN World Water Assessment Programme, 2015).

Zu den 1990 von den Vereinten Nationen gesteckten Zielen in Bezug auf Nachhaltigkeit und Entwicklung, den Millennium Development Goals, die bis 2015 erreicht werden sollten, welche von Armut vermindern, Kindessterblichkeit verringern, AIDS bekämpfen etc. handelten, gehört auch das Goal 7: "Ensure enviromental sustainability" (zu deutsch: nachhaltige Umwelt gewährleisten). Dieses Goal 7 sah vor, bis 2015 den Anteil derer, die keinen Zugang zu sicherem Trinkwasser haben, zu halbieren. Diesen Entwicklungszielen ist die oben genannte Situation zu verdanken, die ohne diese sicher weitaus schlimmer wäre (vgl. UNITED NATIONS, 2015).

2.3. Wasservorkommen und die größten Wasserverbraucher

Die Erdoberfläche ist zu 71 % mit Wasser bedeckt. Allerdings sind nur 3,5 % von diesem Wasser Süßwasser und davon die Hälfte liegt in gefrorener Form an den Polen, Gletscher oder als Permafrost vor (vgl. Massholder, 2014). In der nördlichen Hemisphäre ist der Zugang zu Süßwasser größtenteils durch die Natur gewährleistet. Auch der Großteil Südamerikas und die Inseln zwischen Asien und Australien haben ausreichenden Zugang. In Regionen wie Zentralafrika, Nordostindien und Südostasien herrscht mittlerer bis schwacher "Wasser-Stress", was bedeutet, dass Wasserknappheit nur durch institutionelle und wirtschaftliche Barrieren zustande kommt. In westlichen Bundesstaaten der USA, Mexiko, nordafrikanischen und arabischen Ländern, Zentralasien und Nordindien kann von Wasserknappheit gesprochen werden (vgl. UN World Water Assessment Programme, 2015, S. 25). "Wasser-Stress" ist von der EU folgendermaßen definiert: "Wasser-Stress tritt auf, wenn die Nachfrage die verfügbare Menge von Wasser während eines bestimmten Zeitraums übersteigt oder wenn schlechte Wasserqualität die Nutzbarkeit einschränkt." (vgl. European Environment Agency, n.d.) Übrigens betrachtet die UN die BRD als "verletzlich", also knapp davor, unter Wasser-Stress zu stehen, dies fußt sicherlich auf der hohen Einwohnerdichte, der Industrie und der massiv verbreiteten Landwirtschaft der BRD (vgl. UN World Water Assessment Programme, 2015, S. 12).

92 % der in Städten wohnenden Weltbevölkerung haben Zugang zu sauberem Trinkwasser, sei es im Zweifel über öffentliche Zapfstellen oder Brunnen (vgl. Bundeszentrale für politische Bildung 2008). Über die Hälfte der Menschheit lebt in Stadtgebieten. Es ist davon auszugehen, dass die 8 %, die in Stadtgebieten leben und keinen Zugang zu sicherem Wasser haben, in Slums der zweiten und dritten Welt leben (vgl. Moayad, 2015, S. 23).

Während für die Produktion eines Kilogramm Rindfleischs insgesamt 15455 Liter Wasser, für Käse 5000 Liter, Eier 3300 Liter, Milch 1300 Liter, werden für Weizen 1300 Liter und die meisten Gemüse- und Obstsorten weit weniger als 1000 Liter Wasser benötigt. In Kubikmetern und Kalorien ausgedrückt braucht man für 1000 Kalorien aus Getreide einen halben Kubikmeter Wasser. Für 1000 Kalorien aus Fleisch vier Kubikmeter und für Milch sogar sechs Kubikmeter. Sollte der Wachstumstrend beim Fleischkonsum weltweit anhalten (In der BRD und der westlichen Welt sinkt er. In China und anderen BRICS-Ländern steigt er massiv mit der dort neu aufkommenden Mittelschicht.), so werden bis 2025 nicht wie derzeit ca. 2,5 Milliarden Menschen in Gebieten mit "Wasserstress" leben, sondern es wird weit mehr als die Hälfte der Weltbevölkerung sein. Die Viehwirtschaft verbraucht nicht nur viel Wasser, sondern sorgt auch für signifikante Kontaminationen des Trinkwassers mit giftigen Nitraten und Phosphor. Bereits 36 % der bundesdeutschen Messstellen wiesen 2013 einen deutlich erhöhten Nitratwert im Wasser über dem Grenzwert von 50 Milligramm pro Liter auf (vgl. Heinrich-Böll-Stiftung, BUND, Le Monde diplomatique, 2013, S. 29).

Wie unter Abschnitt 2. schon genannt wurde, verbrauchen 8 % des vorhandenen Wassers private Haushalte. Im Schnitt werden am Tag 130 Liter pro Einwohner verbraucht. Die Industrie verbraucht 22 % des vorhandenen Trinkwassers und die Landwirtschaft größtenteils durch die Viehwirtschaft 70 % (vgl. Massholder, 2014). Nach dem UN-Wasser-Report für eine nachhaltige Welt muss bis 2050 60 % mehr Nahrung produziert werden, um dem steigenden Bedarf gerecht zu werden. Doch schon heute wird nicht nachhaltig genug gearbeitet, sodass dank der Landwirtschaft weltweit Flüsse austrocknen, Wildgehege und Wälder sterben und 20 % der landwirtschaftlichen Nutzflächen austrocknen. Daher fordern die vereinten Nationen nicht nur, dass mit der Ressource Wasser effizienter in der Landwirtschaft gearbeitet wird, sondern sie sehen in einer Möglichkeit der nachhaltigen Landwirtschaft mehrere Punkte, die ineinandergreifen müssen. Die Natur und ihr Wasserkreislauf muss erhalten bleiben, die Gemeinden und die Regierungen müssen verantwortungsbewusst dabei mitarbeiten, um insgesamt Nachhaltigkeit zu gewährleisten (vgl. UN World Water Assessment Programme, 2015, S. 48).

Neben der Agrarwirtschaft, die wie bereits beschrieben den größten Teil des Wassers verbraucht und dabei aktuell nicht nachhaltig vorgeht, soll noch ein Überblick über den Wasserverbrauch der Industrie gegeben werden. Der Energiesektor, sei es Elektrizität durch Öl, Gas, Kohle, Nuklearkraft oder durch erneuerbare Energien, soll bis 2035 bis zu 70 % mehr Strom produzieren. Schon heute kann, je nach Art der Energie und Lieferant/Land behauptet werden, dass zwischen 5-30 % der Energiekosten nur für für die Produktion notwendiges Wasser sind. Da energieproduzierende Firmen zum Teil ihr

Wasser selbst aufbereiten, steigt deren Gesamtbedarf an Frischwasser um "nur" 20 %, allerdings werden tatsächlich 85 % mehr Wasser benötigt (vgl. UN World Water Assessment Programme, 2015, S. 54). Wasser spielt auch in der gesamten chemischen und pharmazeutischen Industrie eine wichtige Rolle. Bei nicht wasserintensiven Betrieben spielt es zumindest beim Transport eine Rolle (Wasserwege, aber auch Produktion von Benzin und LKW) (vgl. UN World Water Assessment Programme, 2015, S. 60).

3. Wasser und seine Privatisierung

Wenn aus Wasser Ware wird, oder wie mit Wasser Geld gemacht werden kann, zeigen verschiedene Bestrebungen verschiedener Staaten, das Wasser zu privatisieren. Investoren werden gelockt, da die Kunden, also die Haushalte, dauerhaft Wasser verbrauchen werden. Doch das Problem liegt darin, dass der Investor im Gegensatz zum bedarfswirtschaftlichen Handeln des Staates Gewinn erzielen muss. So gab es im London der 1980er unter Thatcher einen Fall der Privatisierung des Wassernetzes. Die Leitungen waren alt und marode und bedurften einer Sanierung. Der Investor sparte dabei Kosten ein und es kam zu großen Verunreinigungen des Trinkwassers. Ist dann wegen Unwirtschaftlichkeit ein Investor abgesprungen, muss dann doch der Staat einspringen. So auch geschehen im letzten Jahrzehnt während der Weltwirtschaftskrise mit dem privatisierten Wassernetz in Stuttgart. Dort wurde das Wassernetz für zehn Jahre verkauft. Nach einem erfolgreichen Bürgerbegehren soll es nun, wie in einigen anderen Kommunen auch, rekommunalisiert werden. Allerdings verlangt der Investor das Vierfache von dem zurück, was er der Stadt damals zahlte. Spätestens damit sollte bewiesen sein, dass das Ganze ein sehr kurzweiliges Vergnügen war, die maroden Stadtkassen aufzufüllen (vgl. Wolf, 2015). In Entwicklungsländern hat die Privatisierung das Ausmaß, das eigentlich nur Städte Wasserleitungen besitzen und Investoren nur dort investieren, um ihren Einsatz gering zu halten. Auf dem Land noch neue Leitungen zu legen, das ist nicht attraktiv als Investition. Wieso privatisieren ärmste Länder wie Ghana überhaupt ihr Wassernetz? Die Weltbank hat es als Auflage herausgegeben. Nur wer sein Wassernetz privatisiert, ist unter bestimmten Voraussetzungen kreditwürdig. In Manila und Philippinen war das 2003 ähnlich und der Wasserpreis stieg für den Verbraucher nicht nur um 700 %, es brach auch eine Choleraepidemie aus, da der Investor keine Ausbesserungen am Leitungsnetz vornahm (vgl. Wolf, 2015). Der bekannteste Fall der Privatisierung war 1999 in Bolivien, der als "Bolivia's Water Wars" in die Geschichte einging. Ebenfalls auf "Anregung" der Weltbank kam es zur Privatisierung des Wassernetzes zweier bolivianischer Städte. Da der Preis rasch um 300 % stieg, kam es zu offenen Protesten, die blutig und im Falle eines 17-jährigen Studenten tödlich niedergeschlagen wurden. Dennoch bewirkten die Proteste im Endeffekt das Ende der Privatisierung und den Rauswurf des Investors. Dieser konnte aber noch einen Teil seines dann nicht erzielten Gewinns bei der Weltbank einklagen (vgl. Moayad, 2015, S. 31). Ein Kompromiss zwischen Privatisierung und der öffentlichen Hand wären sogenannte PPP: Public-Private-Partnerships. Damit würden Risiken, Ressourcen, aber auch Gelder gerechter aufgeteilt. Die Weltbank, aber auch die UN stützen diese Option (vgl. Moayad, 2015, S. 32).

Der ehemalige Geschäftsführer der Firma Nestlé sagte, dass wenn Wasser als eine Ware gesehen wird, es auch einen Marktwert brauche. Seiner Meinung nach würde diese Ansicht Missmanagement in von Krisen gebeutelten Staaten verhindern. Allerdings legte der Dokumentar-Filmer Achtnich in seiner Dokumentation „Die Geldquelle – Das Milliardengeschäft mit dem Wasser" dar, dass durch die Privatisierung des Wassers die Regierungen sehr anfällig für Erpressungen und Korruption sein könnten, da im Falle eines Bankrotts der Wasser-Firma der Staat nicht einfach die Wasserhähne abstellen kann. Auch wurde in keinster Weise, untersucht in empirischen Studien, eine höhere Effizienz der Wasserversorgung durch Privatisierung gemessen. Im Gegenteil hatte Privatisierung in vielen Ländern immer auch zur Folge, dass der Staat nicht mehr in der Lage war, ökonomische, kulturelle und soziale Rechte zu gewährleisten (vgl. Moayad, 2015, S. 33). Somit lässt sich schlussfolgern, dass das einzige Argument für eine Privatisierung der Wasserversorgung ist, leere Staats- und Stadtkassen (kurzweilig) zu füllen.

4. Beispiel Firma Nestlé

Die Firma Nestle war 2010 mit einem Wert ihrer Wassermarken von knapp 2,4 Milliarden Dollar der größte Abfüller weltweit. Greenpeace hat drei Haupt-Marketingstrategien genannt, mit denen Nestlé, aber auch Danone, PepsiCo und CocaCola, die als die weltgrößten Wasser-Abfüller gelten, agieren. Diese drei Strategien sind *Ängstigen*, *Verführen* und *Irreführen*. Das *Ängstigen* funktioniert so, dass die Firmen das jeweils hiesige Wasser als unsicher brandmarken. Ein Beispiel dafür sind sogenannte "Bewusstwerdungs-Seminare", die Nestle 2005 in Pakistan hat durchführen lassen um ihre damals neu eingeführte Marke "Pure Life" zu vermarkten. Der ehemalige PepsiCo-Vizepräsident sagte auch, dass der größte Gegner der Wassermarken das Leitungswasser sei (vgl. Moayad, 2015, 40 ff.). Besonders perfide wirkt dabei der Name einer der Wassermarken Nestlés: "Pure Life", für das u.a. in Südafrika beinahe alle guten

Trinkwasserquellen aufgekauft werden, während der hiesigen Bevölkerung der einfache, kostengünstige Zugang zum Wasser stetig erschwert wird (vgl. Kappler, 2016).

Das *Verführen* arbeitet mit Suggestionen, indem auf den Flaschen beispielsweise verschneite Berge oder Ähnliches gezeigt werden. Da das Wasser Nestlés aber ein Gemisch aus vielen Quellen ist und sogar bis zu einem Drittel konventionelles Leitungswasser untergemischt wird, ist dies eine haltlose Werbesuggestion. Ebenfalls dazu zählen kann man Aussagen der Firma wie: "Flaschenwasser ist das für die Umwelt verantwortungsvollste Produkt für Konsumenten in der Welt" (vgl. Moayad 2015, S. 42)

Bei der Taktik der *Irreführung* geht es um die Verpackung des Wassers, die Plastikflasche. Es wird für die Produktion des Plastiks Erdöl benötigt (vom Transport abgesehen), die Flaschen werden schlecht oder gar nicht recycelt. Meist landen sie einfach auf Mülldhalden, in den Meeren, wo gerade Platz ist oder werden umweltschädlich verbrannt. Ein Pfandsystem wie in Deutschland, bei dem aus den Flaschen z.B. Polyester-Fasern gewonnen werden, ist einzigartig. Allein für die jährliche Produktion der in den USA verkauften Plastikflaschen werden 17 Millionen Barrel Öl gebraucht. Dass die Flaschen dazu unter Umständen gesundheitlich bedenklich sein können, soll in dieser Arbeit nicht näher thematisiert werden. Die *Irreführung* ist, dass die Firmen diesen Weg als den einzigen der möglichen Wasserversorgung darstellen (vgl. Moayad, 2015, 42 f.).

Unter Anderem in Kanada pumpt Nestlé Wasser kostengünstig ab, um es weltweit zu verkaufen. Dort zahlt der Konzern für rund 300 Millionen Liter ca. 600 € - für eine Million Liter mehr als ein Kanadier im Supermarkt für eine Flasche "Pure Life". Aufgrund von Bürgerinitiativen gegen diese Praktik kam es zu Aussagen seitens der kanadischen Regierung, dass der Staat das Wasser Nestlé nicht verkaufe, sondern lediglich eine Verwaltungsgebühr erhebt. Das macht den Umstand nicht besser (vgl. Calonego, 2015). Mittlerweile haben diese Proteste und Bürgerinitiativen aber immerhin bewirkt, dass Kanada einen zweijährigen Stopp für den Ausbau der Wasserförderung verhangen hat (vgl. SumOfUs, 2016). In Algerien und Pakistan hat die Firma sogar Wassernutzungsrechte erworben und lässt die Fabriken umzäunen und bewachen, während die Bevölkerung keinen Zugang mehr zu dem Wasser hat. Der Umsatz in einem Land ist umso höher, je schlechter der Versorgungsgrad mit Leitungswasser ist. In Nigeria kostet eine Flasche Wasser mehr als ein Liter Benzin. Die Betrachtung der Situation der Firma Nestle steht exemplarisch für die größten Wasserfirmen der Erde: Nestlé, Danone, CocaCola und PepsiCo, die sich mit ihren bekannten Marken Perrier, San Pellegrino, Vittel, Volvic, Evian, Bonaqua und viele Weitere den Weltmarkt aufteilen (vgl. Schreier, 2016).

Alle weltweiten Aktivitäten der Firmen aufzuzählen, würde Bücher füllen. Daher sollten im Rahmen dieser Arbeit einige wenige Aktivitäten, die aber durchaus exemplarisch für das Vorgehen gesehen werden dürfen, aufgezeigt werden.

5. Schlussbetrachtung

Betrachtet man die Fakten über die Aktivitäten gewisser Wasserabfüller, fällt es sicher nicht schwer, sich beim nächsten Einkauf zweimal zu überlegen, welches Wasser im Einkaufswagen landet. Glücklicherweise, da kann man in Bezug auf die Verteilung der Menschen auf der Erdkugel sicher von einem Privileg sprechen, hat man in der westlichen Welt das Privileg der Auswahl zwischen verschiedenen Wässern aus verschiedenen Mineralbrunnen oder eben doch dem guten alten Leitungswasser. Dennoch ist es ja bei fast allen der größten Wasserriesen der Welt so, dass eine Vielzahl anderer Produkte im Supermarkt letzten Endes aus Werken kommen, die ebenfalls Teil dieser Firmen sind. Dies soll kein Aufruf zum Boykott dieser Firmen sein, dennoch wird es als wichtig erachtet, dass sich die Konsumentinnen und Konsumenten darüber bewusst sind, mit dem Kauf welcher Produkte welche Firma und damit welche Aktivitäten unterstützt werden. Schaut man sich die Typologie der Verbraucherinnen und Verbraucher an, kann das sicher nicht von jedem Verbraucher-Typus umgehend erwartet werden. Daher ist aber eine gewisse Aufklärung umso wichtiger - bestimmen doch am Ende die Konsumenten den Werdegang einer Firma. Der Ruf nach staatlichem Eingreifen erschwert sich bei Konzernen mit Milliarden-Umsätzen, die global agieren. Das Argument, dass einige Staaten auf diese Form der Privatisierung aufgrund maroder Kassen und sonst fehlender Kreditwürdigkeit angewiesen sind, erleichtert die Diskussion nicht.

Interessante Entwicklungen gibt es aber auch, die im Rahmen dieser Arbeit durchaus bemerkenswert sind. Und zwar wurde im ersten Quartal diesen Jahres dem Whanganui-Fluss in Neuseeland und den Flüssen Ganges und Yamuna staatlicherseits die Rechte eines Menschen gegeben. Die Flüsse werden also offiziell und per Gesetz als lebende Wesen mit allen entsprechenden Rechten gesehen. Das soll zur Folge haben, dass jeder, der den Flüssen etwas in Form von Verschmutzung oder Ähnliches antut, verklagt wird, als hätte er es einem Menschen angetan. Es wird sich zeigen, welche Auswirkungen das in der Realität hat, werden doch täglich viele Millionen Liter Giftmüll in diese Flüsse entsorgt (vgl. IFLScience, 2017).

Literaturverzeichnis

Bundesministerium der Justiz und für Verbraucherschutz (2017): Min/TafelWV - nichtamtliches Inhaltsverzeichnis. Online verfügbar unter https://www.gesetze-im-internet.de/min_tafelwv/index.html, zuletzt aktualisiert am 28.04.2017, zuletzt geprüft am 28.04.2017.

Bundeszentrale für politische Bildung (2008): Trinkwasser | bpb. Online verfügbar unter http://www.bpb.de/internationales/weltweit/megastaedte/64759/trinkwasser, zuletzt geprüft am 03.05.2017.

Calonego, B. (2015): Gehört das Wasser Nestlé – oder dem Volk? In der kanadischen Provinz British Columbia stören sich immer mehr daran, dass der Nahrungsmittelmulti das Grundwasser zu billig aus dem Boden schöpfen und dann in Plastikflaschen verkaufen kann. Online verfügbar unter http://www.tagesanzeiger.ch/wirtschaft/unternehmen-und-konjunktur/Gehoert-das-Wasser-Nestle--oder-dem-Volk/story/21686656, zuletzt aktualisiert am 04.04.2015, zuletzt geprüft am 05.05.2017.

European Environment Agency (n.d.): Water stress — European Environment Agency. Online verfügbar unter https://www.eea.europa.eu/themes/water/wise-help-centre/glossary-definitions/water-stress, zuletzt aktualisiert am 31.05.2007, zuletzt geprüft am 03.05.2017.

Heinrich-Böll-Stiftung, BUND, Le Monde diplomatique (2013): Fleischatlas. Daten und Fakten über Tiere als Nahrungsmittel, zuletzt geprüft am 02.05.2017.

IFLScience (2017): The Ganges And Yamuna Rivers Given Same Legal Rights As Humans. Online verfügbar unter http://www.iflscience.com/environment/the-ganges-and-yamuna-rivers-given-same-legal-rights-as-humans/, zuletzt aktualisiert am 25.04.2017, zuletzt geprüft am 05.05.2017.

Kappler, A. (2016): Die Dritte Welt wird zur Ader gelassen: die Wassergeschäfte der Firma Nestlé. Online verfügbar unter http://www.claro.de/magazin/die-dritte-welt-wird-zur-ader-gelassen-die-wassergeschaefte-der-firma-nestl-898/, zuletzt aktualisiert am 29.04.2016, zuletzt geprüft am 01.05.2017.

Loughborough University (2005): How far do you have to walk to get safe water? Online verfügbar unter http://www.lboro.ac.uk/service/publicity/news-releases/2005/24_wwd.html, zuletzt aktualisiert am 01.03.2013, zuletzt geprüft am 30.04.2017.

Massholder, F. (2014): Wasser. Online verfügbar unter https://www.lebensmittellexikon.de/w0000390.php.

Moayad, Kurosch (2015): Privatization of Water. A Violation of Human Rights?, Politics - International Politics - Topic: Public International Law and Human Rights, GRIN, zuletzt geprüft am 30.04.2017.

Narain, Paul (2012): UN Departement of Economic and Social Affairs. Progress towards the Millenium Development Goals, 1990-2005. Online verfügbar unter https://unstats.un.org/unsd/mi/goals_2005/Goal_7_2005.pdf, zuletzt geprüft am 28.04.2017.

ORF (2015): Nestles Geschäft mit dem Wasser. Online verfügbar unter http://orf.at/stories/2279631/2279640/, zuletzt aktualisiert am 06.06.2015, zuletzt geprüft am 05.05.2017.

Schreier, D. (2016): Nestlé erwirbt Wassernutzungsrechte und lässt Fabriken bewachen und einzäunen! - netzfrauen. Online verfügbar unter https://netzfrauen.org/2016/08/25/nestle-wassernutzungsrechte/, zuletzt geprüft am 05.05.2017.

SumOfUs (2016): Nestlé trocknet Kanada aus. Online verfügbar unter https://actions.sumofus.org/a/kathleen-wynne-stoppen-sie-nestle/?source=fbads_GERMAN&bucket=fbads_generation_tracking, zuletzt geprüft am 05.05.2017.

Tillich, M. (2017): 6 Wasser, die dem gesunden Menschenverstand wehtun. Online verfügbar unter https://utopia.de/ratgeber/wie-konzerne-wasser-zu-geld-machen/, zuletzt aktualisiert am 23.03.2017, zuletzt geprüft am 05.05.2017.

Umweltbundesamt (2017a): Rechtliche Grundlagen, Empfehlungen und Regelwerk. Online verfügbar unter http://www.umweltbundesamt.de/themen/wasser/trinkwasser/rechtliche-grundlagen-empfehlungen-regelwerk, zuletzt aktualisiert am 24.04.2017, zuletzt geprüft am 24.04.2017.

Umweltbundesamt (2017b): Trinkwasser. Online verfügbar unter http://www.umweltbundesamt.de/themen/wasser/trinkwasser, zuletzt aktualisiert am 27.04.2017, zuletzt geprüft am 27.04.2017.

UN Economic and Social Council (2003): General Comment No. 15: The Right to Water (Arts. 11 and 12 of the Covenant). In: *Epilepsia* 44, S. 1–2. DOI: 10.1046/j.1528-1157.44.s.5.1.x.

UN World Water Assessment Programme (2015): The United Nations world water development report 2015: water for a sustainable world. Paris, UNESCO. Online verfügbar unter http://unesdoc.unesco.org/images/0023/002318/231823E.pdf, zuletzt geprüft am 30.04.2017.

UNITED NATIONS (2015): Millenium development goals and beyond 2015. Ensure environmental sustainability. Online verfügbar unter http://www.un.org/millenniumgoals/pdf/Goal_7_fs.pdf, zuletzt geprüft am 01.05.2017.

Wolf, J. (2015): Wasserprivatisierung - Wie aus Wasser Geld wird | Startseite | SWR odysso. Online verfügbar unter http://www.swr.de/odysso/wie-aus-wasser-geld-wird/-/id=1046894/did=15037312/nid=1046894/glelc3/, zuletzt geprüft am 04.05.2017.

World Health Organisation (2011): Guidelines for drinking-water quality. 4th ed. Geneva: World Health Organization. Online verfügbar unter http://apps.who.int/iris/bitstream/10665/44584/1/9789241548151_eng.pdf, zuletzt geprüft am 28.04.2017.

BEI GRIN MACHT SICH IHR WISSEN BEZAHLT

- Wir veröffentlichen Ihre Hausarbeit, Bachelor- und Masterarbeit

- Ihr eigenes eBook und Buch - weltweit in allen wichtigen Shops

- Verdienen Sie an jedem Verkauf

Jetzt bei www.GRIN.com hochladen und kostenlos publizieren